FORSCHUNGSBERICHTE DES LANDES NORDRHEIN-WESTFALEN

Nr. 2898/Fachgruppe Elektronik/Optik

Herausgegeben vom Minister für Wissenschaft und Forschung

FHL Prof. Dr.-Ing. Manfred Scheffner

Labor für Elektrische Antriebe und Leistungselektronik
an der Fachhochschule Lippe/Abteilung Lemgo

Untersuchungen zur vereinfachten Zwangskommutierung
von Thyristoren unter
Verwendung von Leistungstransistoren

Westdeutscher Verlag 1979

CIP-Kurztitelaufnahme der Deutschen Bibliothek

Scheffner, Manfred:
Untersuchungen zur vereinfachten Zwangskommu-
tierung von Thyristoren unter Verwendung von
Leistungstransistoren / Manfred Scheffner. -
Opladen : Westdeutscher Verlag, 1979.
 (Forschungsberichte des Landes Nordrhein-
 Westfalen ; Nr. 2898 : Fachgruppe Elektronik,
 Optik)
ISBN-13: 978-3-531-02898-9   e-ISBN-13: 978-3-322-87664-5
DOI: 10.1007/978-3-322-87664-5

© 1979 by Westdeutscher Verlag GmbH, Opladen

Gesamtherstellung: Westdeutscher Verlag

ISBN-13: 978-3-531-02898-9

Inhalt

1. Einleitung   1

2. Gleichstromsteller mit Kommutierung mittels Leistungstransistor
    - 2.1. Löschprinzip, grundsätzliche Eigenschaften   2
    - 2.2. Technische Realisierung
        - 2.2.1. Hilfsspannungsquelle   3
        - 2.2.2. Aufbau und Auswahl der Transistor-Schaltstufe   4
        - 2.2.3. Betriebskriterien der Transistor-Schaltstufe   5
        - 2.2.4. Arbeitsweise der Löscheinrichtung   6
    - 2.3. Maßnahmen zur Leistungssteigerung   7

3. Dreiphasiger Umrichter mit Transistor-Löscheinrichtung
    - 3.1. Prinzipieller Aufbau und Wirkungsweise   8
    - 3.2. Technische Realisierung   9
    - 3.3. Arbeitsweise des Umrichters   9

4. Zusammenfassung   10

5. Literaturauswahl   12

Abbildungen   13

1. Einleitung

Die Löschung eines stromführenden Thyristors ist ein wesentliches technisches und wirtschaftliches Problem der Leistungselektronik. Eine einfache und sichere Lösung ergibt sich nur bei netzgeführten Stromrichtern mit Anschnittsteuerung, wobei als betrieblicher Nachteil eine vom Steuerwinkel abhängige Belastung des Netzes mit induktiver Blindleistung auftritt. Bei netzgeführten Stromrichtern mit Sektorsteuerung sowie bei selbstgeführten Wechsel- bzw. Umrichtern ist die Ventilablösung nur mit Hilfe von im Stromrichter erzeugten Kommutierungsspannungen möglich. Die Bereitstellung dieser Spannungen erfolgt in der Regel mittels kapazitiver Energiespeicher. Prinzipiell besteht die heute übliche Löscheinrichtung aus einer Kombination von Drosseln, Kondensatoren und Leistungshalbleitern; die Unterschiede in Aufbau und Aufwand ergeben sich im wesentlichen aus der Art der Spannungssteuerung und aus den Forderungen des Lastkreises.

Für technisch hochwertige Umrichter mit eingeprägter Spannung und Einzellöschung sind u.a. folgende Merkmale als typisch anzusehen:

> Mit Rücksicht auf vertretbare Löschkapazitäten und die erreichbare Grenzfrequenz sind Hauptthyristoren mit kleiner Freiwerdezeit zu verwenden.

> Auch bei kleinen zu löschenden Strömen muß im Löschkreis mit großen Kommutierungsströmen gearbeitet werden, wodurch sich hohe Beanspruchungen der Leistungshalbleiter und der Kommutierungsmittel ergeben.

> Zwischenkreis-Umrichter mit veränderlicher Zwischenkreisspannung müssen mit laststromabhängiger Löschspannung oder speziellen Nachladeschaltungen betrieben werden, wodurch sich ein erhöhter Aufwand an Bauelementen und unter Umständen hohe Spannungsbeanspruchungen ergeben.

> Ein einmaliges Versagen der Kommutierung führt in der Regel zum Durchzünden des Wechselrichters.

Bei der Weiterentwicklung von Standardschaltungen der Umrichtertechnik ist die Vereinfachung der Zwangskommutierung durch Untersuchung vereinfachter Löschmethoden als grundlegendes Problem anzusehen. Der vorliegende Bericht behandelt ein Verfahren, bei dem der traditionelle Kommutierungs-Schwingkreis durch einen Leistungstransistor ersetzt wird.

2. Gleichstromsteller mit Kommutierung mittels Leistungstransistor

2.1. Löschprinzip, grundsätzliche Eigenschaften

Die Bilder 1 und 2 zeigen in einer Gegenüberstellung die prinzipiellen Arbeitsweisen der Umschwinglöschung und der untersuchten Transistor-Löscheinrichtung am Beispiel eines Gleichstromstellers.

Bei der Umschwinglöschung (Bild 1) beträgt der Strom im Löschkreis ein Mehrfaches des zu löschenden Stromes. Die Freilaufdiode wird mit etwa der doppelten Betriebsspannung beansprucht. Durch das verlustbehaftete Umschwingen des Kondensators verlängert sich die Dauer des Löschintervalles. Löschzeit bzw. Umschwingzeit begrenzen die Aussteuerung nach oben bzw. unten. Bei der Inbetriebnahme des Stellers ist eine definierte Einschaltreihenfolge einzuhalten, beim Betrieb an reduzierter Spannung verliert der Steller seine volle Schaltfähigkeit. Ein Versagen der Kommutierung führt zum Durchzünden des Stellers.

Im Gegensatz zur Umschwinglöschung erfolgt beim Kommutierungskreis mit Leistungstransistor (Bild 2) die Löschung des Thyristors durch Umleitung des Stromes auf einen durch Steuereingriff löschbaren Nebenweg. Durch kurzzeitiges Ansteuern des Transistors kommutiert der Laststrom vom Thyristor auf den Nebenweg und kann hier durch Unterbrechung des Basisstromes endgültig abgeschaltet werden. Die konstante Hilfsspannung U_h dient zur Kompensation der Kollektor-Emitter-Sättigungsspannung des Transistors. Prinzipiell ist die Kommutierung immer dann möglich, wenn die Spannung am Nebenweg bei Übernahme des maximal zu löschenden Stromes kleiner ist als die zur Aufrechterhaltung des Haltestromes des Thyristors erforderliche Durchlaßspannung. Mit Rücksicht auf die Freiwerdezeit des Thyristors sollte die Hilfsspannung jedoch so groß gewählt werden, daß während der Schonzeit eine negative Sperrspannung von ca. 10...20V am Thyristor anliegt.

Über die konstante Hilfsspannung erhält die Transistor-Löscheinrichtung eine der Umschwinglöschung vergleichbare Eigenschaft: Während des Kommutierungsintervalles erfolgt die Stromübergabe nicht rückstromfrei; die Rückstromhöhe ist allerdings stark reduziert. Die Steilheit des abkommutierenden Stromes ist bei der Transistor-Löscheinrichtung vergleichsweise gering und entspricht wegen der mit fortschreitender Stromübernahme wachsenden Kollektor-Emitter-Spannung von der Tendenz her dem Kommutierungsstrom netzgeführter Wechselrichter. Bei höheren zu löschenden Strömen macht sich der Rückstrom - speziell bei Verwendung von Frequenzthyristoren - praktisch nicht mehr bemerkbar. Die geringe Abkommutierungssteilheit wirkt sich - ebenso wie die schaltungstypische relativ geringe Steilheit der wiederkehrenden positiven Sperrspannung - zudem günstig auf die Freiwerdezeit aus.

Neben einem reduzierten Aufwand an Bauteilen bietet die Transistor-Löscheinrichtung in betrieblicher Hinsicht wesentliche Vorteile. Das Löschverfahren arbeitet unabhängig von der

Betriebsspannung und vom Laststrom, wodurch eine universelle
Anwendung gewährleistet wird. Die Ströme im Löschkreis
entsprechen (abgesehen von einem evtl. auftretenden Rückstrom)
der Größe des zu löschenden Stromes ohne Einschränkungen
betrieblicher Art. Die Dauer des Löschintervalles entspricht
etwa der Länge der Schonzeit und wird rein steuerungsmäßig
vorgegeben, eine Wiederbereitschaftszeit entfällt. Gegenüber
dem herkömmlichen System "Frequenzthyristor mit Umschwinglöschung" kann die Dauer des Löschintervalles in den meisten
Fällen um ca. 70....80% verringert bzw. ein Netzthyristor
mit ca. 3....5-facher Freiwerdezeit verwendet werden. Somit
sind mit der Transistor-Löscheinrichtung höhere Grenzfre-
quenzen bzw. Aussteuerungsgrenzen erreichbar. Entsprechende
Transistordaten vorausgesetzt, können Summenlöscheinrichtungen
ohne betriebliche Einschränkungen verwirklicht werden. Das
Löschprinzip ist insbesondere für Mehrfachlöschungen im
Taktbetrieb geeignet. Ein Versagen der Kommutierung ist
korrigierbar, da eine Fehllöschung die Löschfähigkeit nicht
beeinträchtigt.

2.2. Technische Realisierung

Die grundlegenden Untersuchungen wurden am Versuchsmodell
eines Gleichstromstellers für 300V, 40 A vorgenommen. Die
Gleichspannungsversorgung erfolgte über einen vollgesteuerten
Gleichrichter mit Strombegrenzung und Glättungseinrichtung
aus dem Drehstromnetz. Die Taktfrequenz des Stellers betrug
400 Hz bei einem fest eingestellten Tastverhältnis von 1:1.

Bild 3 zeigt die Schaltung des Leistungsteiles (ohne Gleichrichter und Steuerung) mit den endgültigen Werten.

2.2.1. Hilfsspannungsquelle

Die konstante Hilfsspannung in Höhe von ca. 15V wird mittels
eines Kleintransformators mit nachgeschaltetem Brückengleich-
richter aus dem Wechselstromnetz 220V, 50 Hz gewonnen.

Der Pufferkondensator wird bei jeder Löschung für die Dauer
der Schonzeit mit konstantem Strom entladen. Bei einer Taktfrequenz des Stellers von 400 Hz müssen im ungünstigsten Falle
vier Löschungen mit maximalem Laststrom möglich sein.
Bei einem zu löschenden Strom von 40 A, einer Schonzeit von
50 µs und einem Spannungshub von ca. 1,7V ergibt sich die
erforderliche Kapazität zu $C \approx 4700$ µF. In Bild 4 ist der
wechselstromseitige Ladestrom des Kondensators bei Löschung
des maximalen Laststromes von 40 A dargestellt.

Die große Stromänderungsgeschwindigkeit beim Sperren der
Schaltstufe erzeugt an den Induktivitäten des Nebenweges
induktive Spannungen, die den Schnittpunkt des abfallenden
Kollektorstromes mit der ansteigenden Kollektor-Emitter-
Spannung zu höheren Werten hin verschieben (Bild 5) und die
Gefahr eines Durchbruchs 2. Art erhöhen. Die Hilfsspannungsquelle ist deshalb möglichst induktivitätsarm auszuführen,
ebenso ist auf kürzeste Leitungsverbindungen im Löschzweig
zu achten.

2.2.2. Auswahl und Aufbau der Transistor-Schaltstufe

Der technische Vorteil der Kombination Thyristor/Transistor-Löscheinrichtung gegenüber der alleinigen Verwendung eines Leistungstransistors liegt u.a. in der Möglichkeit der Ausnutzung des Impulsbetriebes. Wesentliche Auswahlkriterien für die Transistor-Schaltstufe sind daher neben der Preiswürdigkeit vor allem ein großes Verhältnis I_{CM}/I_C, gute Eigenschaften bezüglich des Durchbruchs 2. Art, sowie eine kleine Sättigungsspannung bei Betrieb mit Kollektor-Peakstrom. Es wurden mehrere Leistungstransistoren in der Preisklasse von ca. 25.- bis 40.- DM/Stck. in die Überlegungen einbezogen. Speziell bei den Darlingtontypen mit großem I_{CM}/I_C (z.B. CPS 4040 B: U_{CEO} =500 V, I_C = 20 A, I_{CM} = 50 A) zeigte sich bei Überschreitung des Kollektor-Dauerstromes eine deutliche Zunahme der Sättigungsspannung, so daß diese Typen für den vorliegenden Einsatzfall nicht geeignet waren. Für die näheren Untersuchungen wurde der Leistungstransistor 2N 6251 (RCA) ausgewählt mit den Grenzdaten U_{CEO} =350 V, I_C =10 A, I_{CM} = 30 A, I_B = 10 A (I_{BM} nicht angegeben), P_T= 175 W (Einzelpreis ca. 30.- DM).

Der erforderliche Basisstrom (maximal ca. 10 A) wird über einen Treibertransistor dem Strom im Löschzweig entnommen. Bild 6 zeigt den prinzipiellen Aufbau der Transistor-Schaltstufe mit den gewählten Transistoren sowie die angestrebte Stromaufteilung bei maximalem Laststrom.

In ihrer Funktion als Löscheinrichtung wird die Transistor-Schaltstufe mit eingeprägtem Strom betrieben, die strommäßige Grenze ist durch die Kollektor-Peakströme der Transistoren bzw. durch den Emitter-Peakstrom des Endtransistors gegeben. Eine entsprechende Stromaufteilung ist durch Auswahl eines geeigneten Treibertransistors sicherzustellen.
Eine Vorabauswahl erfolgt am besten auf graphischem Wege: Vorgegeben wird die bei maximalem Laststrom angestrebte Stromaufteilung im Endtransistor T1 ($I_{B1max} \approx I_{B1M}$, $I_{C1max} \approx I_{C1M}$). Die zugehörige Kollektor-Emitter-Spannung U_{CE1} wird der entsprechenden Ausgangskennlinie entnommen. Eingangskennlinie des Endtransistors und Ausgangskennlinie des Treibertransistors für den steuerungsmäßig maximal verfügbaren Treiber-Basisstrom I_{B2} werden bei konstantem Strom addiert. Die sich ergebende Kennlinie charakterisiert den Basisstromverlauf des Endtransistors in Abhängigkeit von der verfügbaren Kollektor-Emitter-Spannung U_{CE1} und liefert einen Wert für U_{CE1}^* bei I_{B1max}. Eine Anpassung ist immer möglich, wenn $U_{CE1}^* \leq U_{CE1}$ ist.

Für den Endtransistor 2N 6251 hat sich als Treibertransistor der Typ BUX28 (U_{CEO} = 350 V; I_C = 8 A; I_{CM} = 12 A; I_B= 1 A) bei einem Basisstrom von 600 mA als geeignete Kombination herausgestellt. Die entsprechende Ausgangskennlinie der Transistor-Schaltstufe wurde punktweise ermittelt und ist in Bild 7 dargestellt. Wie hieraus zu entnehmen ist, werden die vorgegebenen Bedingungen nahezu ideal erfüllt. Die Kollektor-Emitter-Spannung bleibt bis zum maximal löschbaren Laststrom von 40 A in vertretbaren Grenzen.

2.2.3. Betriebskriterien der Transistor-Schaltstufe

Nach Bild 2 liegt während der Leitphase des Thyristors nur
eine kleine Spannung ($\approx U_h$) an der Schaltstufe. Beim Durchsteuern der Löschstufe kommutiert der Strom vom Thyristor
auf den Löschzweig, wobei die entstehende Einschaltverlustleistung gering ist. Ebenso besteht wegen der geringen
Spannungshöhe keine Gefahr für einen Durchbruch 2. Art.
Die für Gleichspannungswandler typische anfängliche Überhöhung des Kollektorstromes durch Entladung parasitärer
Kollektorkapazitäten entfällt. Die Kommutierung des Stromes
vom Thyristor auf den Löschzweig sollte nicht zu schnell erfolgen, damit das Löschen des Thyristors rückstromarm erfolgt.
Aus den angeführten Gründen ist es (mit Einschränkungen) nicht
erforderlich, den Basisstrom des Treibers beim Einschalten
zu optimieren.

Beim Abschalten sind dagegen gezielte Maßnahmen erforderlich
im Hinblick auf die Ausschaltverlustleistung bzw. den Durchbruch 2. Art sowie auf die Stromaufteilung zwischen den
Transistoren beim Sperren des Löschzweiges.

Die schnelle Stromänderung beim Abschalten des Löschzweiges
führt zu induktiven Spannungsspitzen, die von der Freilaufdiode (Bild 3) nicht wirksam geklammert werden können.
Ein hinreichender Schutz wird mit einer klassischen RCD-Beschaltung erreicht, die auf Thyristor- und Freilaufdiode
verteilt wird. Beim Sperren der Transistor-Schaltstufe kommutiert der Laststrom zunächst auf die Kondensatoren der Schutzbeschaltung, wodurch der Anstieg der Kollektor-Emitter-
Sperrspannung an der Löschstufe verzögert werden kann.

Die Transistor-Schaltstufe soll in ihrer Funktion als Löscheinrichtung einen eingeprägten Strom möglichst schnell abschalten, die Höhe des Stromes kann dabei bis an die Grenzdaten der Einzeltransistoren reichen. Bei konsekutivem Abschalten der beiden Transistoren kommutiert der Kollektorstrom
des Treibers für die Dauer der Speicherzeit des Endtransistors
auf dessen Kollektor (Bild 8). Diese Stromschiebung schränkt
den Arbeitsbereich der Löscheinrichtung stark ein. Bei der
vorliegenden Ausführung würde der maximal löschbare Strom
von 40 A auf ca. 30 A zurückgehen. (Bild 7: I_{C1} = 24 A;
I_{B1} = I_{C2} = 6,3 A).

Um diese Stromschiebung einzuschränken, ist eine Angleichung
der Schaltzeiten erforderlich. Dies kann durch einen Basis-
Ausräumstrom beim Endtransistor erfolgen, der zum Zeitpunkt
t = to (Bild 8) gestartet wird. Hierbei sind zwangsläufig
Kompromisse zu schließen. Für den Aufbau und die Dimensionierung der Ausräumschaltung wurde auf die in Lit. 1 behandelte Methode "Anpassung d_{iB}" und die dort angegebenen
Gleichungen zurückgegriffen. Die endgültige Schaltung ist Bild
9 zu entnehmen.

Die Bilder 10 bis 12 verdeutlichen die Arbeitsweise der
Ausräumschaltung (Leistungsteil entsprechend Bild 3). Der
Basisstrom (Bild 10) erreicht am Ende der Speicherzeit des
Endtransistors sein negatives Maximum. Die Stromschiebung
(Bild 11) wird durch den Ausräumstrom unterbunden (Bild 12),

gleichzeitig wird das Ausschaltverhalten wesentlich verbessert.

2.2.4. Arbeitsweise der Löscheinrichtung

Die Arbeitsweise der Löscheinrichtung wurde am Beispiel eines Gleichstromstellers in der unter 2.2. angegebenen Ausführung (Bild 2,3) untersucht. Der jeweils verwendete Thyristortyp (Frequenzthyristor BST F 0460 mit t_q = 25 µs bzw. Netzthyristor BST F 2560 mit t_q = 150 µs t_{yp}) ist den nachfolgenden Bildern zu entnehmen.

Bild 13 zeigt die für das Löschverfahren typischen Verläufe von Thyristorspannung und Thyristorstrom. Während der rein steuerungsmäßig vorgegebenen Löschzeit von 50 µs (entspricht etwa auch der Schonzeit) beträgt die negative Sperrspannung ca. 12V. Die genannte Löschzeit kann gefahrlos noch weiter reduziert werden. Unter den vorliegenden Versuchsbedingungen konnte die Löschzeit bis auf 20 µs verringert werden, ehe die ersten Fehllöschungen - ohne Folgen bezüglich der Löschfähigkeit - auftraten.

Auch bei der Transistor-Löscheinrichtung tritt beim Löschen des Thyristors ein Rückstrom durch TSE auf, der sich dem zu löschenden Strom überlagert. Im Gegensatz zur traditionellen Umschwinglöschung, bei der zwangsläufig mit einer hohen Steilheit des abkommutierenden Stromes gearbeitet wird, erfolgt die Kommutierung bei der Transistor-Löscheinrichtung, bedingt durch die geringe Löschspannung und die Schalteigenschaften der Transistoren, relativ langsam. Speziell bei höheren zu löschenden Strömen wird die Kommutierungssteilheit mit zunehmender Stromübernahme stark reduziert, so daß ein Rückstrom im Einzelfall praktisch völlig vermieden werden kann. Die Bilder 14 und 15 verdeutlichen diesen Sachverhalt. Dabei zeigt Bild 14 den Belastungszustand, bei dem die größte Rückstromhöhe auftrat.

Bild 16 zeigt die Arbeitsweise der Schaltung bei Verwendung eines relativ langsamen Netzthyristors (t_q = 150 µs). Die steuerungsmäßig vorgegebene Löschzeit betrug 150 µs, ein Wert, der in der Größenordnung der gesamten Löschzeit einer entsprechenden Umschwinglöschung mit Frequenzthyristor (t_q=25 µs) liegt. Der naturgemäß höhere Rückstrom des Netzthyristors führt auch bei größeren Lastströmen noch zu einer Einschaltstromüberhöhung im Löschkreis (Bild 16), so daß der strommäßige Grenzwert der Löschstufe (40 A) bereits bei einem Laststrom von ca. 35 A erreicht wird. Die Löschzeit konnte in diesem Falle bis auf 100 µs reduziert werden, bevor die ersten Fehllöschungen auftraten.

Die Arbeitsweise des Stellers bei Motorlast (Gleichstrom-Nebenschlußmotor, L_d = 15 mH) ist Bild 17 zu entnehmen. Änderungen gegenüber dem Fall R/L-Last ergeben sich hierbei nicht.

Die Transistor-Löscheinrichtung hat sich bei den durchgeführten Untersuchungen als absolut funktionsssicher erwiesen. Provozierte Fehllöschungen im Grenzbereich haben die Löschfähigkeit der Anordnung nicht beeinträchtigt. Auch im Dauerbetrieb mit U_d = 280 V und dem strommäßigen Grenzwert (40 A) des Endtransistors ergab sich keine Änderung im Schaltverhalten. Die geringe mittlere Verlustleistung der Transistor-Schaltstufe von ca. 3 W, (40 A, Taktfrequenz 400 Hz, Löschimpulslänge 50 µs) hatte eine Übertemperatur von ca. 8 K zur Folge.

Im Gegensatz zur Umschwinglöschung ist die Transistor-Löscheinrichtung auch für Netzthyristoren geeignet. Rückströme durch TSE, die den maximal löschbaren Laststrom begrenzen, können durch gezielte Maßnahmen beim Einschalten der Transistor-Schaltstufe vermieden werden.

2.3. Maßnahmen zur Leistungssteigerung

Die derzeit auf dem Markt befindlichen Leistungstransistoren konzentrieren sich schwerpunktmäßig auf den Bereich $U_{CEO} \approx$ 350 V .... 500 V bei $I_C \approx$ 10 A.... 30 A. Spannungs- und/oder strommäßige Abweichungen hiervon mit dem Ziel höherer Leistung sind in der Regel mit einem erheblichen Kostenfaktor verbunden.

Die Arbeitsweise der Transistor-Löscheinrichtung gestattet prinzipiell einen sicheren Betrieb auch bei höheren Spannungen und Strömen. Spannungsmäßig ist ein Betrieb am gleichgerichteten 380 V-Drehstromnetz anzustreben. Dabei ist aus wirtschaftlichen Gründen eine Reihenschaltung von Transistoren vorzusehen. Für höhere zu löschende Ströme kann aus dem gleichen Grunde eine zusätzliche Parallelschaltung erforderlich werden, die steuerungsmäßig praktisch keinen Mehraufwand erfordert.

Die grundsätzliche Möglichkeit einer technischen Realisierung wurde am Beispiel des in Bild 18 dargestellten Gleichstromstellers (Taktfrequenz 250 Hz, Tastverhältnis 1:1) untersucht. Die theoretischen Grenzwerte der Transistor-Schaltstufe betragen 700 V und 80 A, versuchsmäßig ausgenutzt wurden im Dauerbetrieb 500 V und 60 A.

Die Arbeitsweise der Transistor-Löscheinrichtung weist typische Eigenschaften auf, die die technischen Probleme der Reihen- und Parallelschaltung von Leistungstransistoren im Löschkreis wesentlich vereinfachen. Besonders zu beachten ist lediglich die dynamische Strom- und Spannungsaufteilung beim Sperren der Löschanordnung. Im Löschaugenblick (Durchsteuern der Löschanordnung) kann wegen der geringen anliegenden Spannung eine spannungsmäßige Gefährdung nicht eintreten, ebenso ist wegen des relativ langen Kommutierungsintervalles das Problem der dynamischen Stromaufteilung als unkritisch anzusehen. Der statischen Stromaufteilung kommen die - besonders bei hohem Strom - geringe Stromverstärkung und eine relativ hohe Kollektor-Emitter-Spannung im durchgeschalteten Zustand entgegen.

Die dynamische Strom- und Spannungsaufteilung beim Sperren der Löschstufe konnte mit je einer gemeinsamen Ausräumschaltung sowie je einer RCD-Beschaltung pro Transistorgruppe ausreichend symmetriert werden. Ein Abgleich ist dabei lediglich für die Spannungsaufteilung erforderlich, um unterschiedliche Ausschaltzeiten (Abgleich durch Verwendung einer einstellbaren Induktivität im Ausräumkreis einer Transistorgruppe) bzw. Schaltungskapazitäten (Abgleich durch Kapazität einer Schutzbeschaltung) der Transistorgruppen einander anzugleichen. Zur statischen Spannungsaufteilung wurden Symmetrierwiderstände verwendet. Die statische Stromaufteilung hat sich trotz des Verzichtes auf gepaarte Transistoren als völlig ausreichend erwiesen, auf spezielle Maßnahmen konnte deshalb verzichtet werden.

Die Arbeitsweise des Gleichstromstellers ist den Bildern 19 bis 21 zu entnehmen. Die eingestellte Löschimpulslänge von ca. 100 µs kann dabei gefahrlos weiter reduziert werden. Bild 19 zeigt die schaltungstypischen Verläufe. Ein Rückstrom durch TSE tritt praktisch nicht auf. Die statische und dynamische Spannungsaufteilung der zwei in Reihe geschalteten Transistorgruppen ist Bild 20 zu entnehmen. Die oben beschriebene Symmetrierung wurde bei Betrieb mit Grenzdaten vorgenommen und führte im gesamten Betriebsbereich zu optimalen Verhältnissen. Bild 21 zeigt die Aufteilung der Kollektorströme am Beispiel einer Transistorgruppe. Die statische Unsymmetrie von ca. 4A beim maximal zu löschenden Strom von 60A rechtfertigt den Verzicht auf spezielle Maßnahmen, eine weitere Verbesserung ist bei Verwendung gepaarter Transistoren zu erwarten.

3. Dreiphasiger Umrichter mit Transistor-Löscheinrichtung

3.1. Prinzipieller Aufbau und Wirkungsweise

Wie bei traditionellen Wechselrichtern mit Zwangskommutierung ergibt sich auch bei Wechselrichtern mit Transistor-Löscheinrichtung eine große Zahl von Schaltungsvarianten.

Der in Bild 22 vorgestellte Schaltungsvorschlag basiert auf der Grundlage, durch Einbeziehung von vergleichsweise billigen Thyristoren in den Löschkreis die Zahl der erforderlichen Transistor-Schaltstufen gering zu halten. Die Thyristoren T_{21} bis T_{26} im Löschzweig übernehmen in Verbindung mit den Dioden D1 und D2 gleichzeitig die Funktion von Blindstromdioden. Für induktive Belastung mit Stromflußwinkeln der Blindstromdioden unter 60° kann die Schaltung Bild 22 weiter vereinfacht werden. Die Löschthyristoren T_{21} bis T_{26} können durch Dioden ersetzt werden bei gleichzeitiger Ausführung der Dioden D1 und D2 als Thyristoren. Im Vergleich zu Bild 23 ergeben sich beim Wechselrichter mit Transistor-Löscheinrichtung durch den Fortfall jeglicher Drosselspulen sowie der Kommutierungskondensatoren räumliche und gewichtsmäßige Einsparungen sowie ein praktisch geräuschloses Arbeiten.

Die prinzipielle Arbeitsweise des Wechselrichters entsprechend Bild 22 ist in den Bildern 24 und 25 dargestellt. Für 180°-Ansteuerung der Hauptthyristoren ist - wie beim Wechselrichter entsprechend Bild 23 - die Kurvenform der Ausgangsspannung unabhängig vom Stromflußwinkel der Blindstromdioden, eine Stromrichtungsumkehr im Zwischenkreis erfolgt nur für entsprechende Stromflußwinkel>60°. Während der gestrichelt angegebenen Zeiträume sind die Spannungsverläufe im Löschzweig (U_{TH21}, U_{T1}) nicht eindeutig festlegbar. Eine potentialmäßige Festlegung erfolgt im praktischen Schaltungsaufbau durch die erforderlichen Schutzbeschaltungen (s. Bild 26).

3.2. Technische Realisierung

Für den praktischen Versuchsaufbau kann weitgehend auf die im Abschnitt 2.2. bzw. 2.3. beschriebenen Schaltungsteile zurückgegriffen werden. Die Schaltung des Leistungsteiles des Versuchsmodelles ist Bild 26 zu entnehmen. Die Steuerung ist standardmäßig ausgeführt, die Ausgangsspannung des Wechselrichters wird frequenzproportional über den Steuerwinkel des Gleichrichters geregelt.

Für den vorliegenden Wechselrichterbetrieb mit eingeprägter Spannung setzt sich der Motorstrom aus einer Aneinanderreihung von e-Funktionen zusammen. Überschlägig ist davon auszugehen, daß mindestens der doppelte Effektivwert des Motor-Nennstromes als Augenblickswert löschbar sein muß. Für den Aufbau der Transistor-Schaltstufen wurde deshalb eine Parallelschaltung von zwei Leistungstransistoren 2N 6547 (Motorola, U_{CEO} =400 V, I_C = 15 A, I_{CM}= 30 A, I_B = 10 A, I_{BM} = 20 A, P_T = 175 W, vorgesehen. Der maximal löschbare Strom ergibt sich damit theoretisch zu 100 A, praktisch ausgenutzt wurden 70 A. In der vorliegenden Ausführung beträgt die allein durch die Daten der Transistor-Schaltstufen vorgegebene - Grenzleistung des Wechselrichters P ≈ 15 kVA (U ≈ 3x 250V, I ≈ 35A, f_{max}=200Hz).

3.3. Arbeitsweise des Umrichters

Die praktischen Untersuchungen beschränken sich auf die Funktion des Leistungsteils des Wechselrichters, der Umrichter wurde dabei mit einem Asynchronmotor belastet (Bild 26). Bis zu einer Frequenz von f = 125 Hz wurde der Motor in Sternschaltung mit U ~ f betrieben, für höhere Frequenzen wurde aus Spannungsgründen auf eine Dreieckschaltung übergegangen. Aus Sicherheitsgründen wurde die Löschimpulslänge auf 80 µs eingestellt; eine Grenzwertermittlung wurde nicht durchgeführt, da keine kurzschlußfeste Ausführung vorlag. Es kann jedoch auf Grund der vorhergegangenen Untersuchungen davon ausgegangen werden, daß die Löschimpulslänge mindestens auf 40 µs reduziert werden kann.

Die Bilder 27 und 28 zeigen in einer Gegenüberstellung die Arbeitsweise des Umrichters mit Transistor-Löscheinrichtung und eines Umrichters mit Umschwinglöschung. Die Vergleichsmessungen wurden an einem industriemäßigen Umrichter (Siemens Zwischenkreis-Umrichter 3x (0...360)V, 24 A, f = 10...200 Hz) mit einer Wechselrichterausführung entsprechend Bild 23 bei jeweils gleichen Belastungszuständen durchgeführt. Die Ausgangsgrößen beider Umrichtertypen sind praktisch identisch. Wesentliche Unterschiede ergeben sich jedoch in der Arbeitsweise der Löschkreise. Die Umschwinglöschung arbeitet mit einer Löschkondensatorspannung, die wesentlich über der Zwischenkreisspannung liegt und mit großen Strömen im Löschkreis. Die Haupt- und Löschthyristoren (einschließlich der Schutzbeschaltungen) werden spannungsmäßig mit der Höhe der Kondensatorspannung beansprucht. Demgegenüber entsprechen bei der Transistor-Löscheinrichtung die Ströme im Löschkreis dem Wert des gelöschten Stromes, die Thyristoren werden spannungsmäßig mit der Höhe der Zwischenkreisspannung beansprucht. Daneben ergeben sich aus dem Fehlen jeglicher Drosselspulen (und der entsprechenden Verluste) für den Umrichter mit Transistor-Löscheinrichtung betriebliche Vorteile: Die erforderliche

Zwischenkreisspannung ist wegen der geringeren Spannungsabfälle im Wechselrichter vergleichsweise kleiner bei gleichzeitig geringerer Gesamtinduktivität (Wechselrichter und Last); die fehlenden Drosselgeräusche ermöglichen einen praktisch geräuschlosen Betrieb, ein Vorteil, der mit zunehmender Frequenz immer größere Bedeutung erlangt.

Die Bilder 29 und 30 vermitteln weitere Aufschlüsse über die Arbeitsweise des Versuchs-Umrichters. Während der steuerungsmäßig vorgegebenen Schonzeit von 80 µs liegen ca. 15 V als negative Sperrspannung am gelöschten Hauptthyristor (Bild 29, oben). Die in den Oszillogrammen der Ausgangsspannung (Bild 29b, Bild 30, Mitte) erkennbaren Verschleifungen haben ihre Ursache im jeweils vorliegenden Belastungszustand: der Betrieb erfolgte an der Grenze einer Stromführungszeit der Blindstromdioden entsprechend 60°. Die hier zwangsläufig auftretenden kleinen Unsymmetrien sind im Verlauf des Ausgangsstromes i und besonders beim Strom i_C im Löschkreis (Bild 30, unten) deutlich zu erkennen.

Der Umrichter mit Transistor-Löscheinrichtung hat sich bei den durchgeführten Untersuchungen als absolut funktionssicher erwiesen. Hervorzuheben ist, daß die Schaltung nach überschlägiger Festlegung der Daten der Leistungshalbleiter sofort problemlos in Betrieb genommen werden konnte.

4. Zusammenfassung

Es wurde ein Verfahren zur Löschung eines stromführenden Thyristors untersucht, das im Gegensatz zur traditionellen Umschwinglöschung mit einem Leistungstransistor im Löschkreis arbeitet. Die Arbeitsweise dieser Transistor-Löscheinrichtung wurde an den Beispielen eines Gleichstromstellers und eines dreiphasigen Umrichters untersucht.

Die Löscheinrichtung hat sich bei den durchgeführten Untersuchungen als absolut funktionssicher erwiesen und erweitert damit die Möglichkeiten alternativer Schaltungsausführungen.

Vom Löschprinzip her ergeben sich gegenüber der Umschwinglöschung betriebliche Vorteile:
Das Löschverfahren arbeitet spannungs- und stromunabhängig, es ist daher ohne Änderungen im Leistungsteil sowohl für Betrieb an fester als auch an veränderlicher Versorgungsspannung geeignet, die Spannungsbeanspruchung der Leistungshalbleiter ergibt sich aus der Höhe der Speisespannung. Der Strom in der Löscheinrichtung entspricht der Höhe des gelöschten Stromes, eine spezielle Einschaltsteuerung zur "Aufbereitung" des Löschkreises ist nicht erforderlich. Die Schonzeit wird rein steuerungsmäßig vorgegeben; Fehllöschungen sind im Prinzip korrigierbar, da die Löschfähigkeit der Anordnung auch bei einem Versagen der Kommutierung erhalten bleibt. Die Dimensionierung der Löscheinrichtung ist vergleichsweise problemlos, da die Anforderungen (Strom, Spannung, Arbeitsfrequenz und Schonzeit) genau festgelegt werden können; nach Auswahl eines geeigneten Leistungstransistors (bzw. einer entsprechenden Kombination) ist bei ordnungsgemäß arbeitender Steuerung in der Regel eine problemlose Inbetriebnahme der Anlage gewährleistet, da die Löschfähigkeit prinzipiell gegeben ist. Im Gegensatz

zur Umschwinglöschung ist die Transistor-Löscheinrichtung bei rein steuerungsmäßiger Verlängerung der Schonzeit auch für Netzthyristoren geeignet und ermöglicht ohne zusätzlichen Aufwand Mehrfachlöschungen im Taktbetrieb (Pulswechselrichter, Sektorsteuerung netzgeführter Stromrichter). Das Fehlen jeglicher Drosselspulen in den Haupt- und Löschstromkreisen führt zu geringeren Spannungsabfällen (bzw. Verlusten) im Wechselrichter bei gleichzeitig reduzierter Gesamtinduktivität und ermöglicht einen praktisch geräuschlosen Betrieb. Fehlende Drosselspulen und Kommutierungskondensatoren sowie ein je nach Schaltungsausführung möglicher reduzierter Aufwand an Leistungshalbleitern ermöglichen räumliche und gewichtsmäßige Einsparungen.

In betrieblicher Hinsicht ist beim Einsatz der Transistor-Löscheinrichtung zu beachten, daß die verfügbare Löschleistung durch die Daten der Transistor-Schaltstufe (maximal zulässige Sperrspannung, maximal löschbarer Strom) als absoluter Grenzwert vorgegeben ist. Dem Überspannungsschutz und einer schnell eingreifenden Strombegrenzung sind daher besondere Sorgfalt zu widmen.

Der Aspekt einer wirtschaftlichen technischen Nutzung des untersuchten Löschverfahrens kann nicht abschließend beurteilt werden. Zum einen, weil die technische und preisliche Entwicklung bei Leistungstransistoren zur Zeit noch stark im Fluß ist, zum anderen, weil sich im Vergleich zur Umschwinglöschung je nach Schaltungstyp, Steuerungsverfahren, Frequenz und Betriebsverhältnissen unterschiedliche Gesichtspunkte für die Beurteilung ergeben. Mit Sicherheit kann jedoch davon ausgegangen werden, daß sich bis in den Leistungsbereich, der bisher der reinen Thyristortechnik vorbehalten ist, wirtschaftlich und technisch interessante Alternativen ergeben.

5. Literaturauswahl

Lit. 1   Hetterscheid: Schaltverhalten bei Transistoren für hohe Spannungen. Valvo Berichte, Band 20, Heft 1, 1976

Lit. 2   Schrenk: Das Schalten mit dreifachdiffundierten Transistoren. Siemens, Technische Berichte aus dem Bereich Bauelemente

Lit. 3   Rischmüller: Basisansteuerung von Hochvolttransistoren. Elektronik 1977, Heft 11

Lit. 4   Weber: Basisansteuerung von zwei Hochvolt-Einzeltransistoren in Darlingtonschaltung für Impulsbetrieb mit eingeprägtem Strom. Abschlußarbeit FH Lippe, FB Elektrotechnik, 1978

Lit. 5   Peter, Rischmüller: Anwendungshinweise für parallelarbeitende Schalttransistoren in Motorsteuerungen. Techn. Information Nr. 28, Thomson - CSF

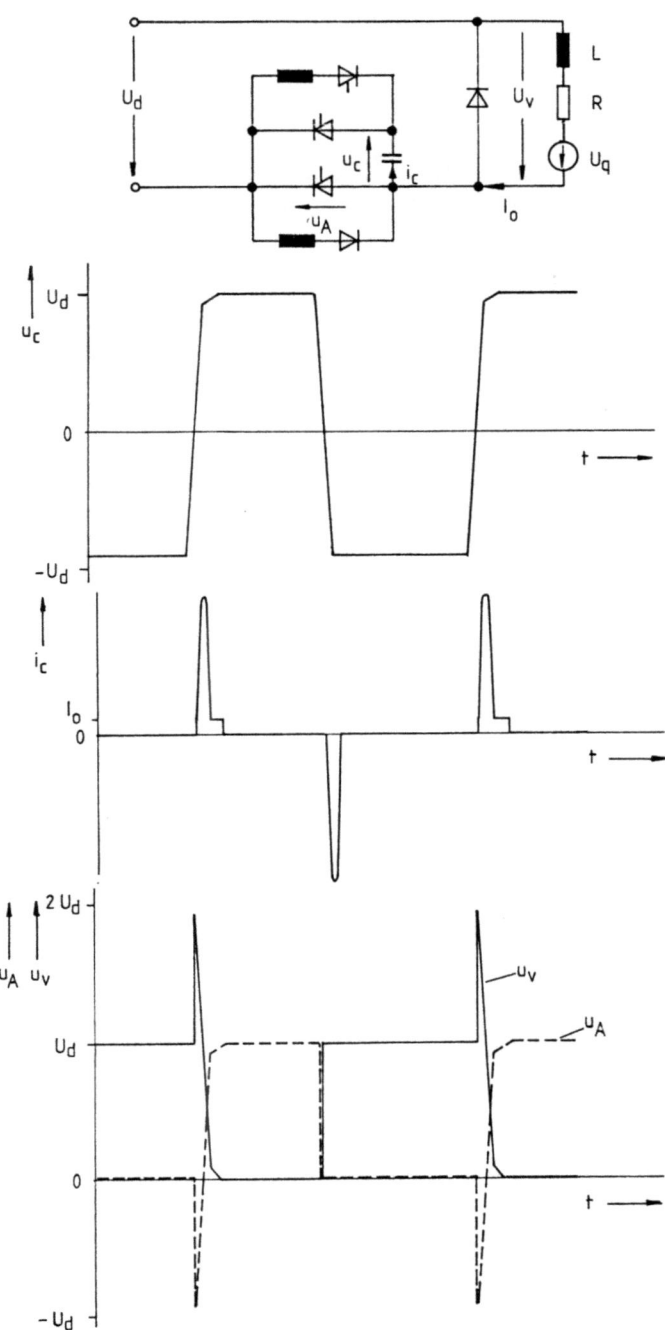

Bild 1 Prinzipielle Arbeitsweise eines Gleichstromstellers mit Umschwinglöschung

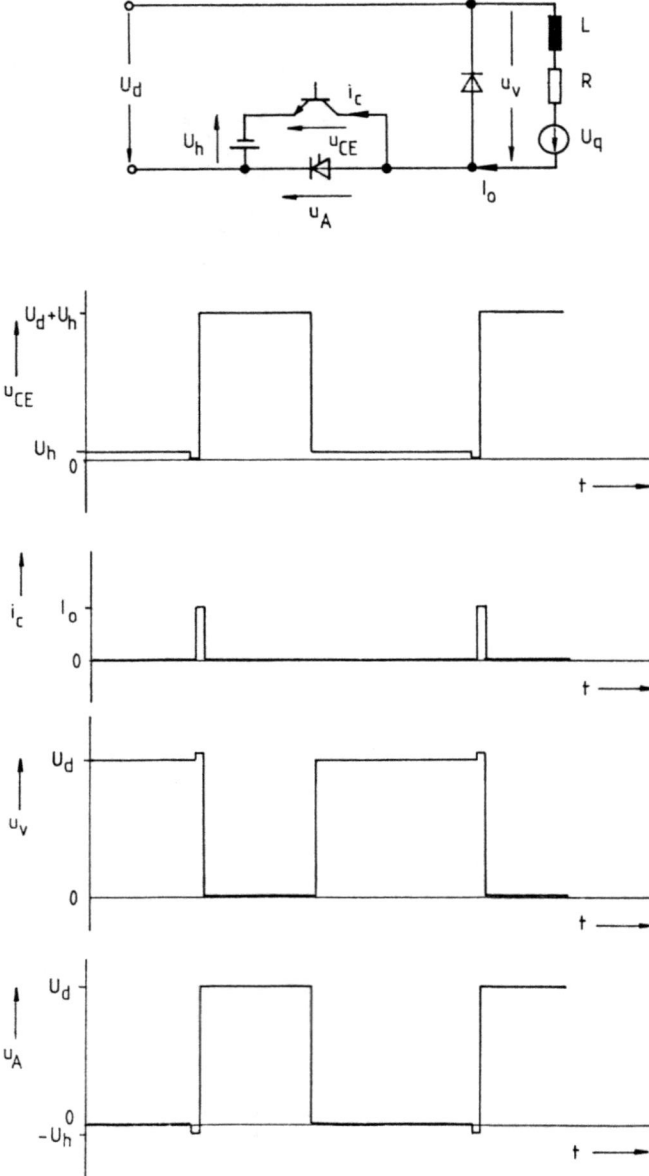

Bild 2 Prinzipielle Arbeitsweise eines Gleichstromstellers mit Transistor-Löscheinrichtung

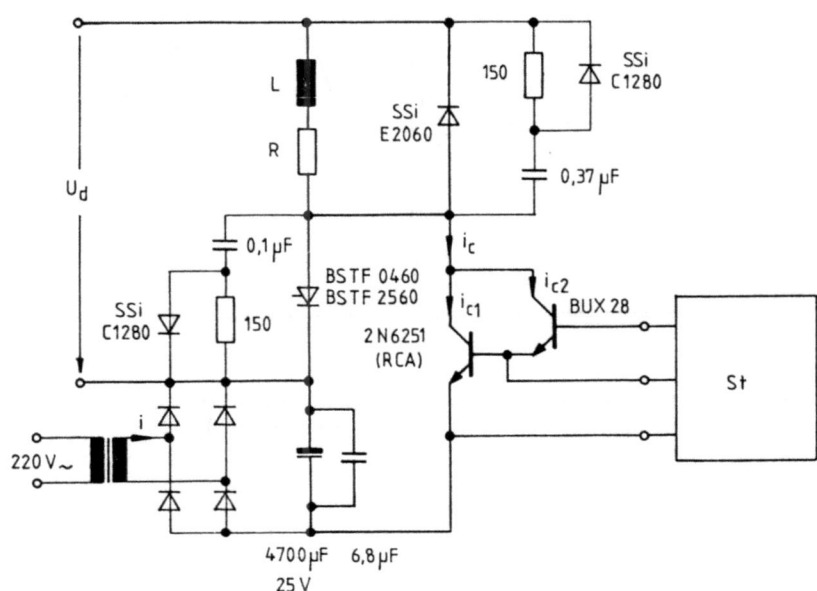

Bild 3 Versuchsaufbau eines Gleichstromstellers 300V/40A mit Transistor-Löscheinrichtung

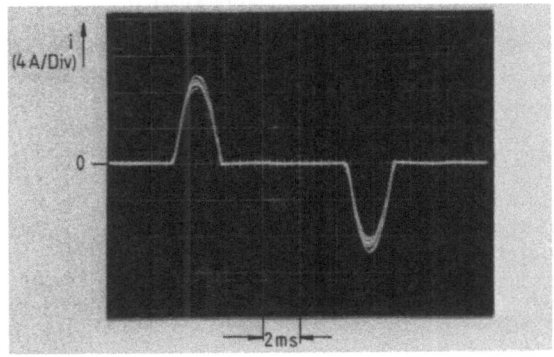

Bild 4 Ladestrom der Hilfsspannungsquelle bei Löschung des maximalen Laststromes von 40 A

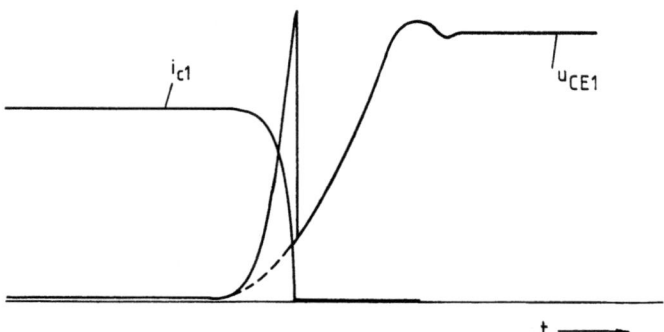

Bild 5 Gefährdung der Transistor-Schaltstufe durch induktive Abschaltspannungen (prinzipielle Verläufe)

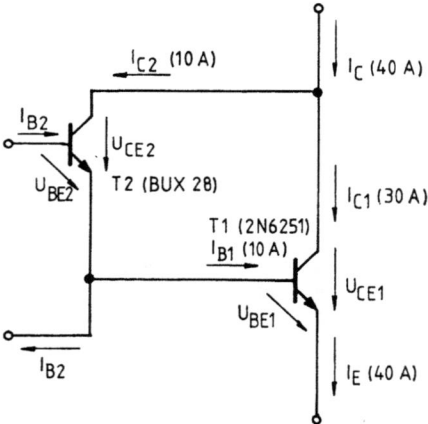

Bild 6 Transistor-Schaltstufe mit angestrebter Stromaufteilung bei maximalem Laststrom

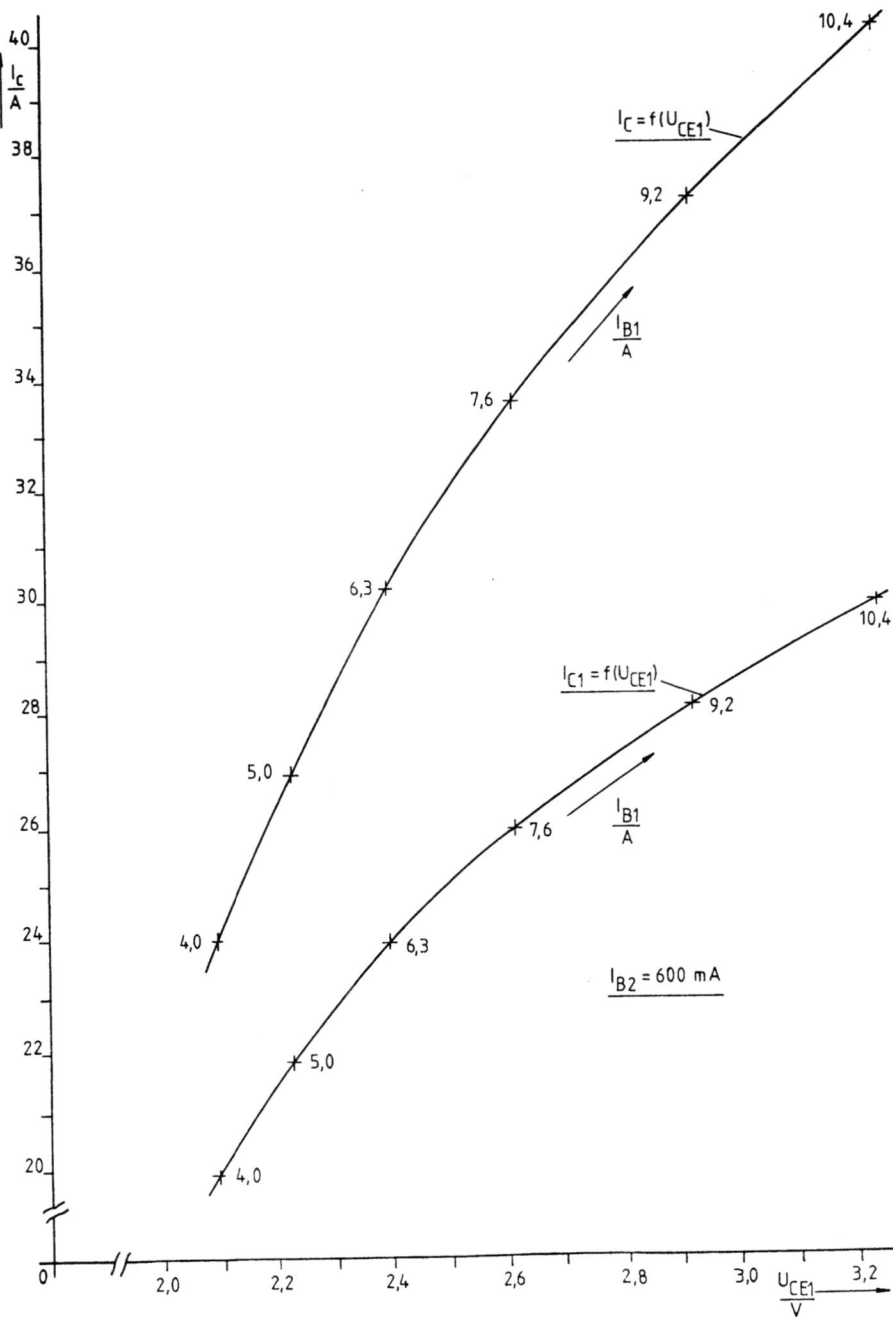

Bild 7 Ausgangskennlinie der Transistor-Schaltstufe entsprechend Bild 6

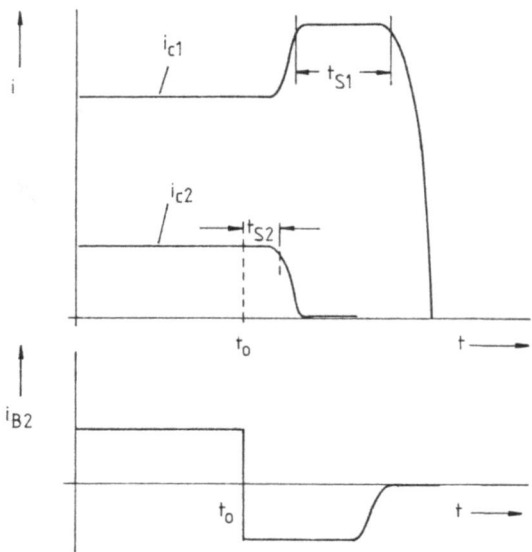

Bild 8 Stromübernahme bei konsekutivem Abschalten

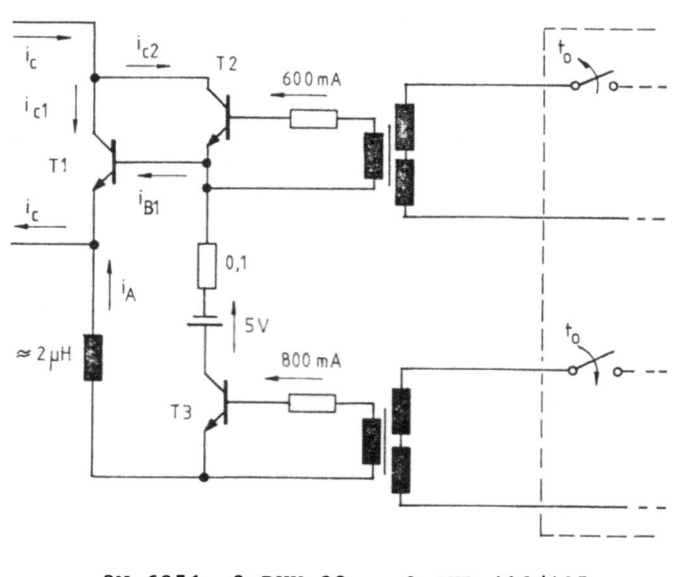

2N 6251   2xBUX 28   2xZKB 416/135
                       01-PF-035

Bild 9 Basis-Ansteuerung der Löschstufe

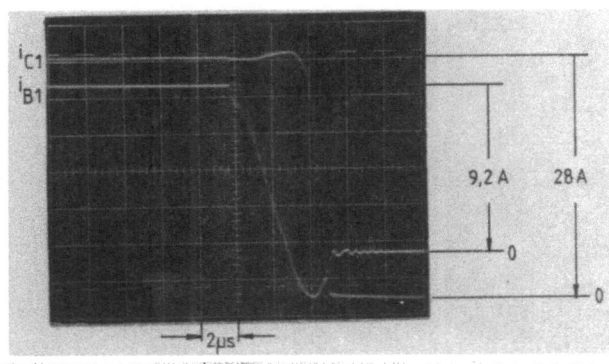

Bild 10 Kollektor- und Basisstromverlauf des Endtransistors

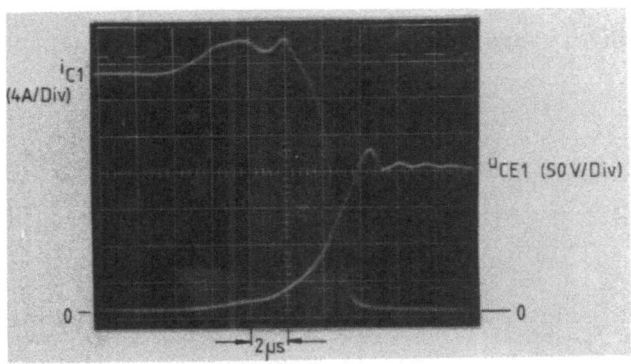

Bild 11 Kollektorstrom und Kollektor-Emitter-Spannung des Endtransistors ohne Ausräumstrom

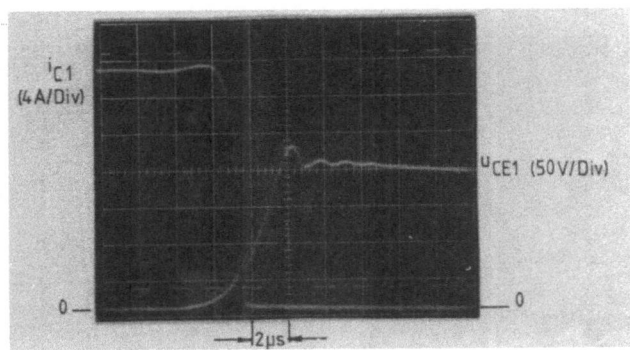

Bild 12 Kollektorstrom und Kollektor-Emitter-Spannung des Endtransistors mit Ausräumstrom

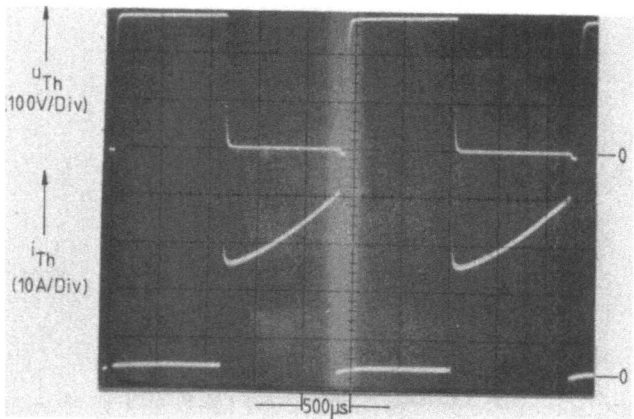

Bild 13 Typische Verläufe von Thyristorspannung und
Thyristorstrom (Frequenzthyristor BSt F0460)

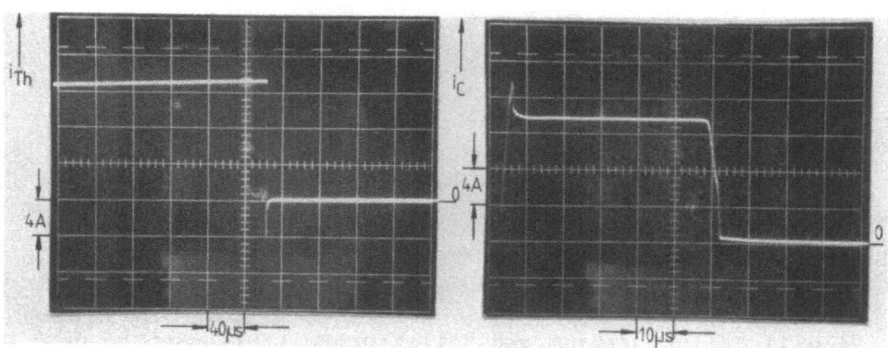

Bild 14 Thyristorstrom und Strom im Löschkreis (Fall
größter Rückstromhöhe, BSt F0460)

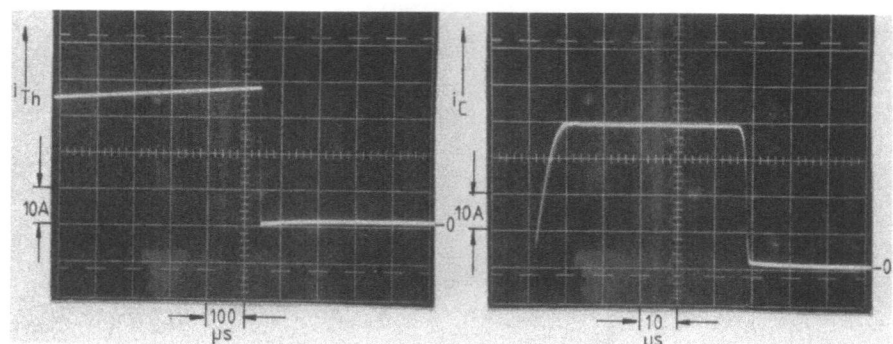

Bild 15 Thyristorstrom und Strom im Löschkreis bei
maximalem Laststrom (BSt F0460)

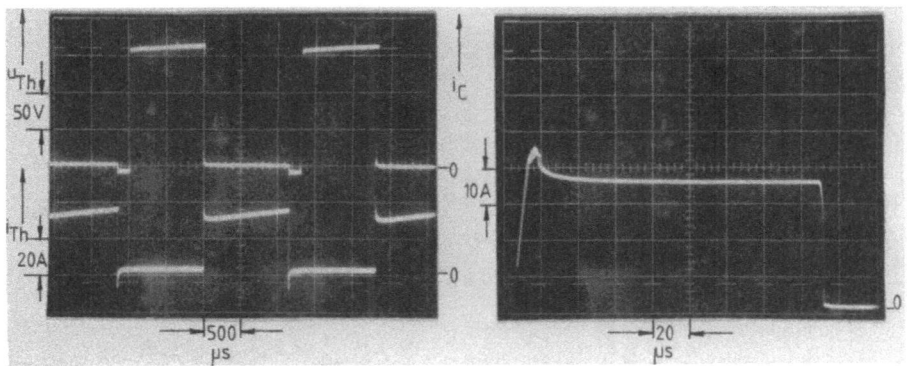

Bild 16 Typische Verläufe von Thyristorspannung, Thyristorstrom und Strom im Löschkreis (Netzthyristor BSt F2560)

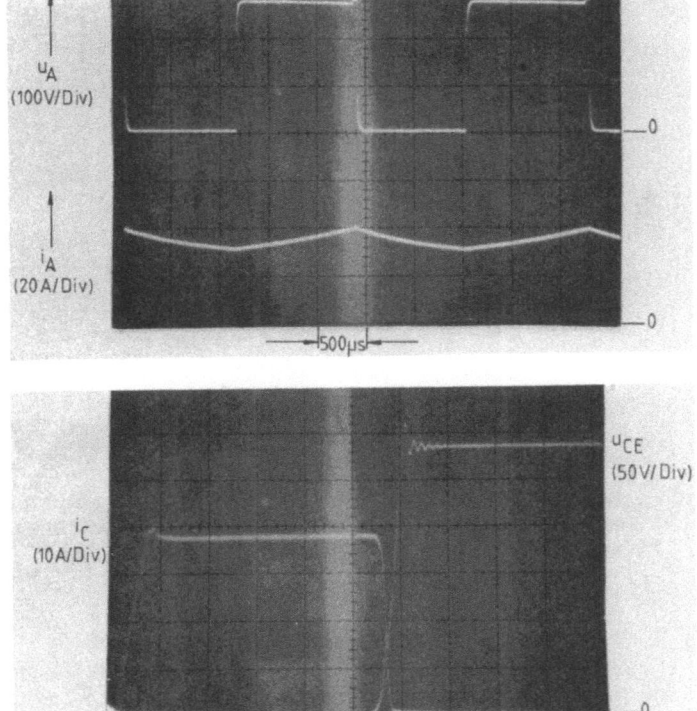

Bild 17 Arbeitsweise des Stellers bei Motorlast (Gleichstrom-Nebenschlußmotor, L_d = 15 mH). Oben: Ankerspannung und Ankerstrom. Unten: Spannung und Strom im Löschkreis (BSt FO460)

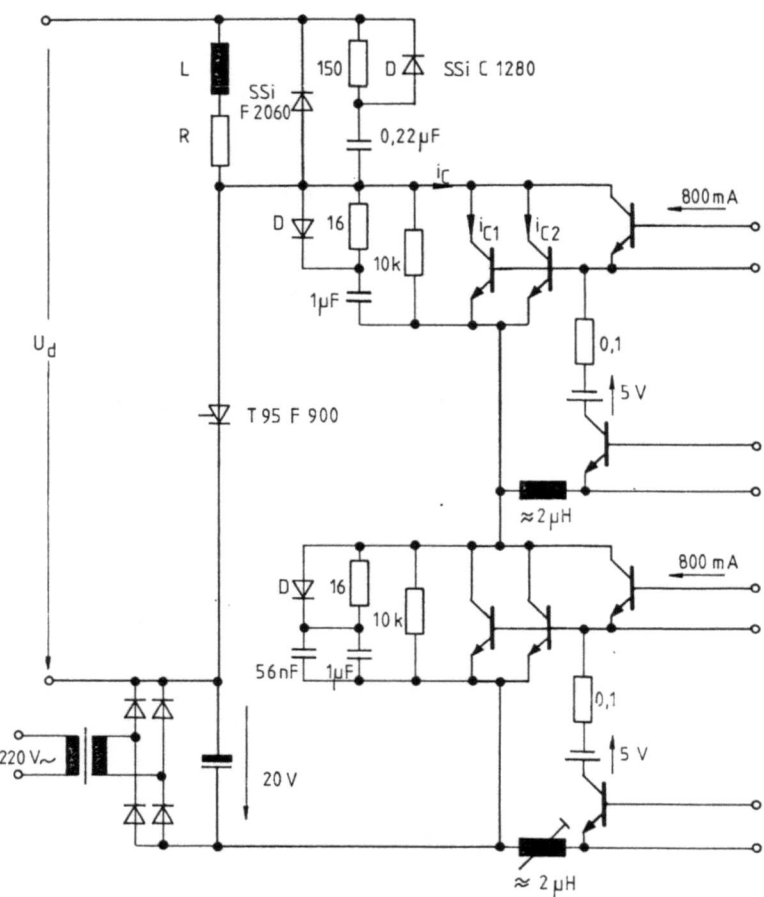

Bild 18 Gleichstromsteller für höhere Leistung durch Reihen-und Parallelschaltung von Leistungstransistoren im Löschkreis

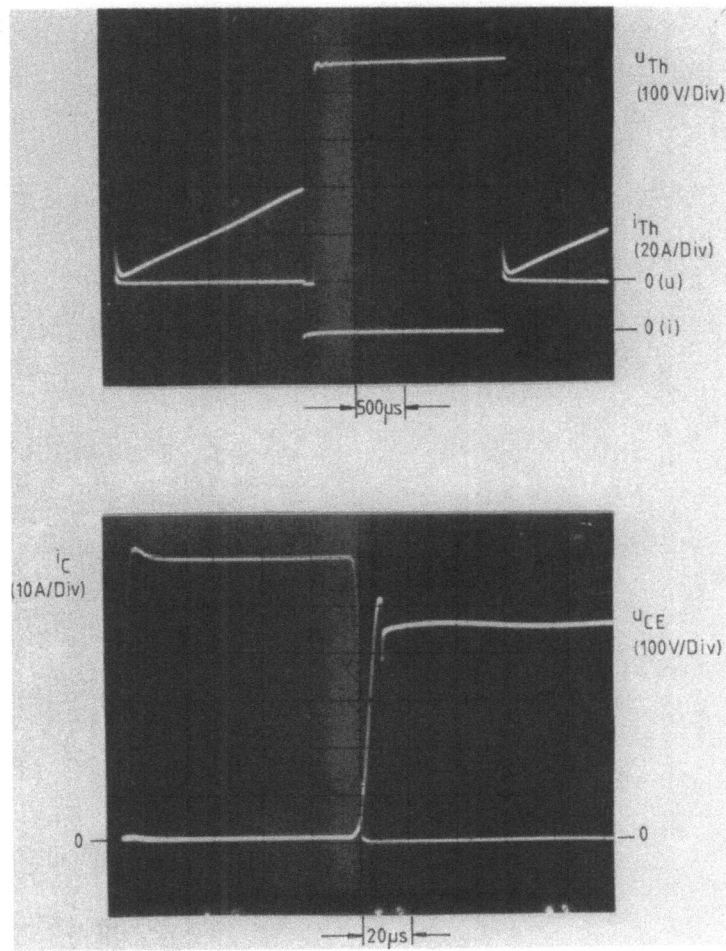

Bild 19   Schaltungstypische Verläufe des Gleichstromstellers entsprechend Bild 18
Oben: Thyristorstrom und Thyristorspannung
Unten: Gesamtstrom im Löschkreis und gesamte Kollektor-Emitter-Spannung

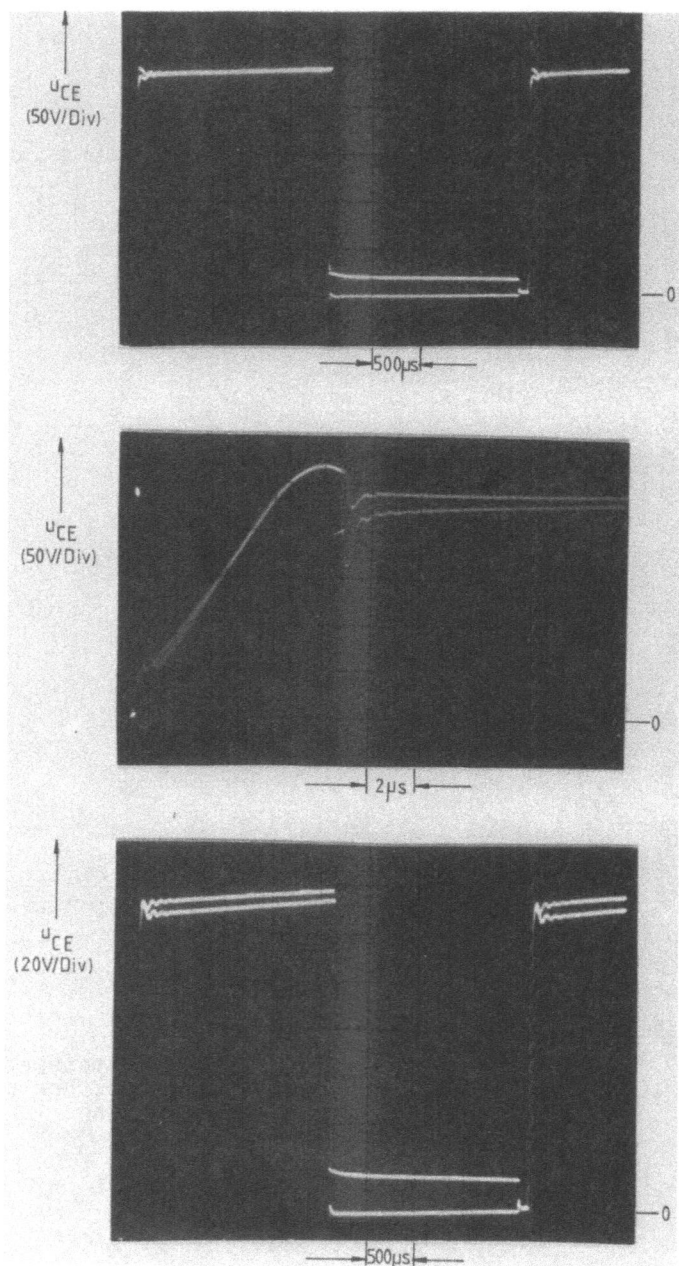

Bild 20 Spannungsaufteilung zwischen Transistorgruppen
(Strom im Löschaugenblick jeweils 60 A)
Oben und Mitte: U_d = 480 V   Unten: U_d = 270 V

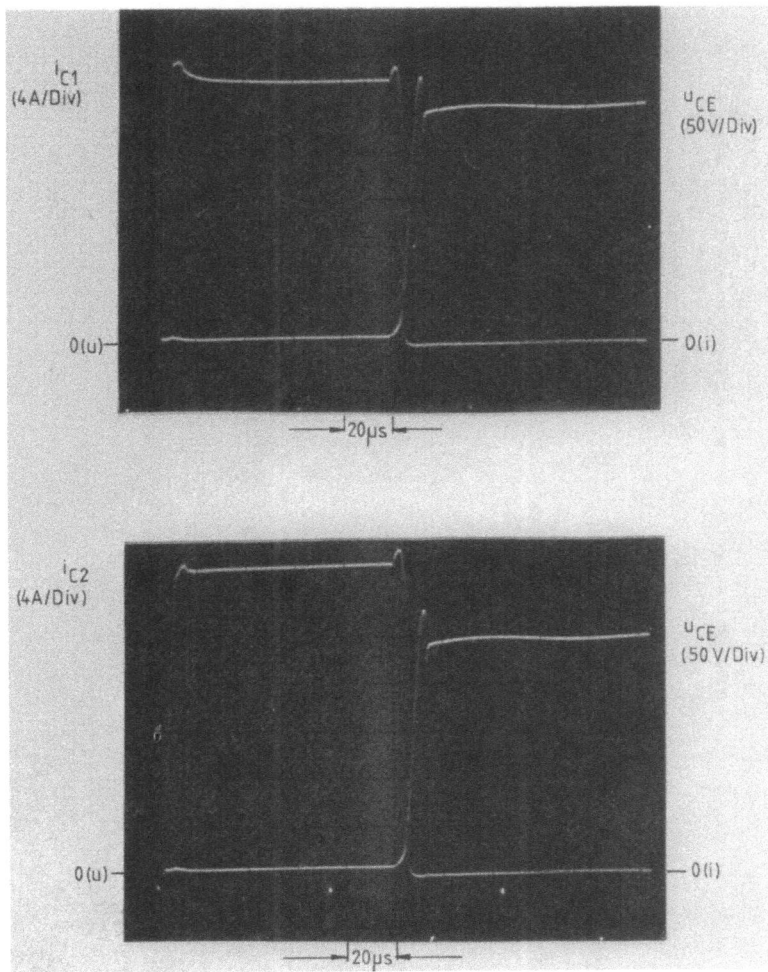

Bild 21 Stromaufteilung einer Transistorgruppe mit entsprechender Kollektor-Emitter-Spannung (U_d = 500 V, Strom im Löschaugenblick 60 A)

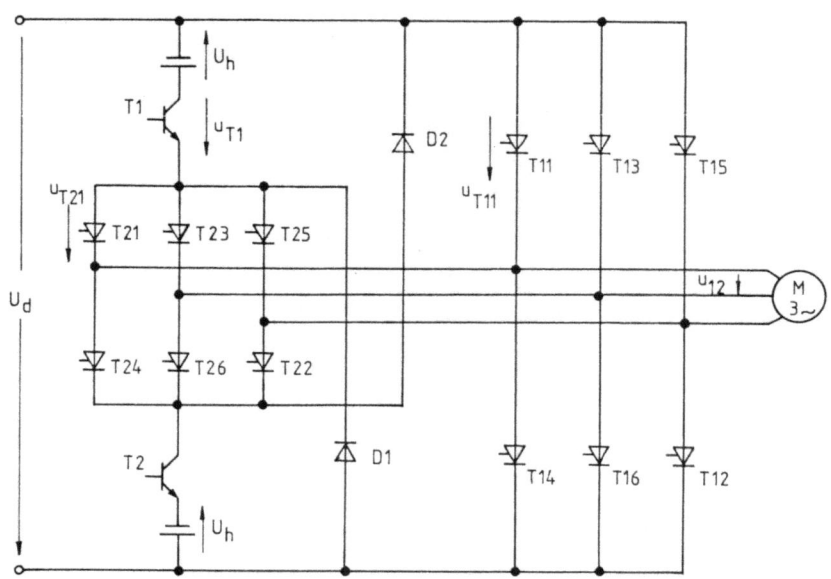

Bild 22 Dreiphasiger Wechselrichter mit Transistor-
        Löscheinrichtung (Prinzipschaltung)

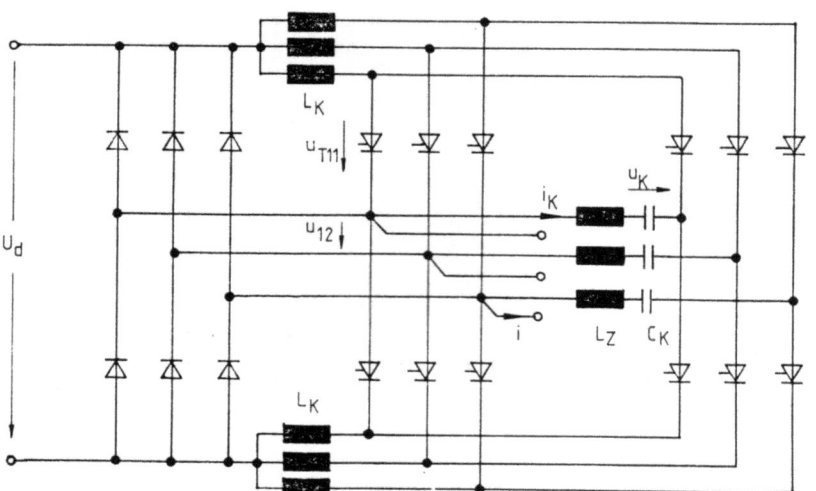

Bild 23 Dreiphasiger Wechselrichter mit Umschwing-
        löschung (Siemens, Prinzipschaltung)

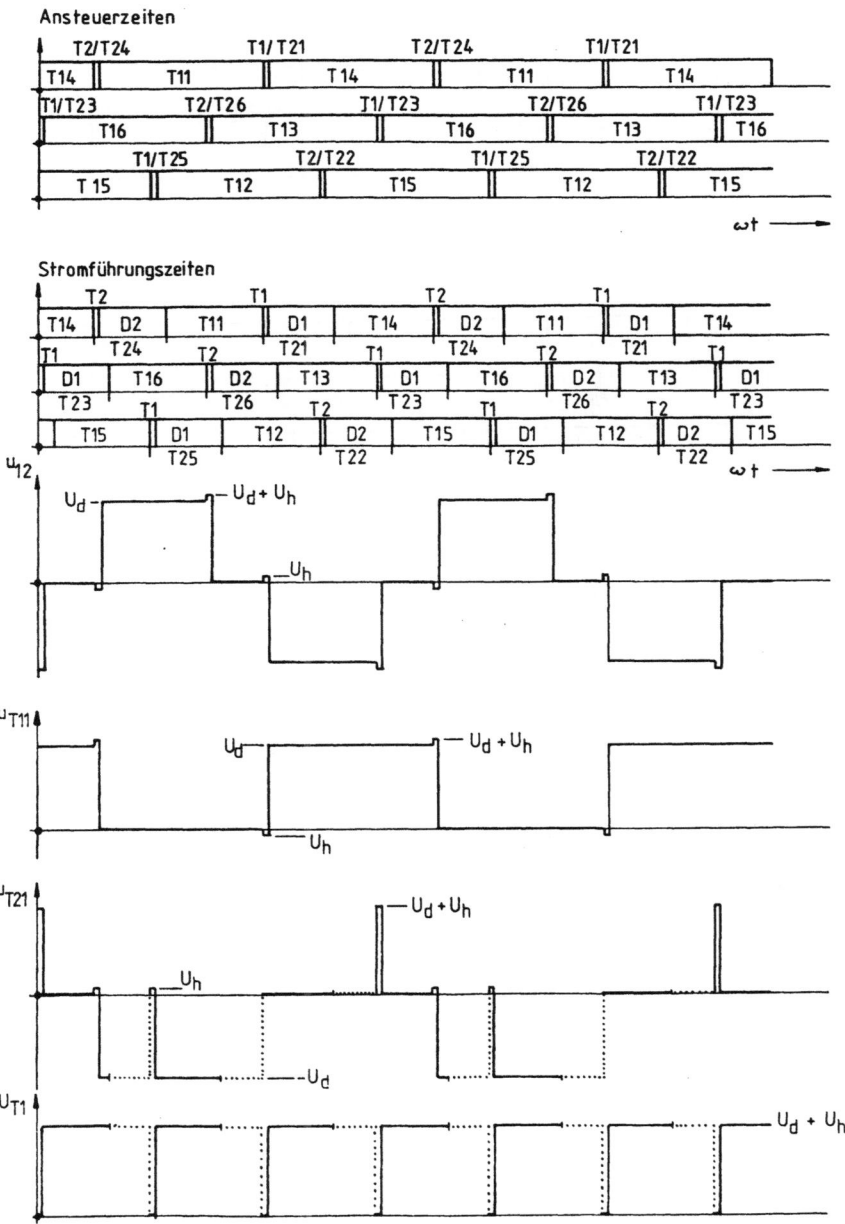

Bild 24 Prinzipielle Arbeitsweise des Wechselrichters entsprechend Bild 22 bei 75° Stromflußwinkel der Blindstromdioden

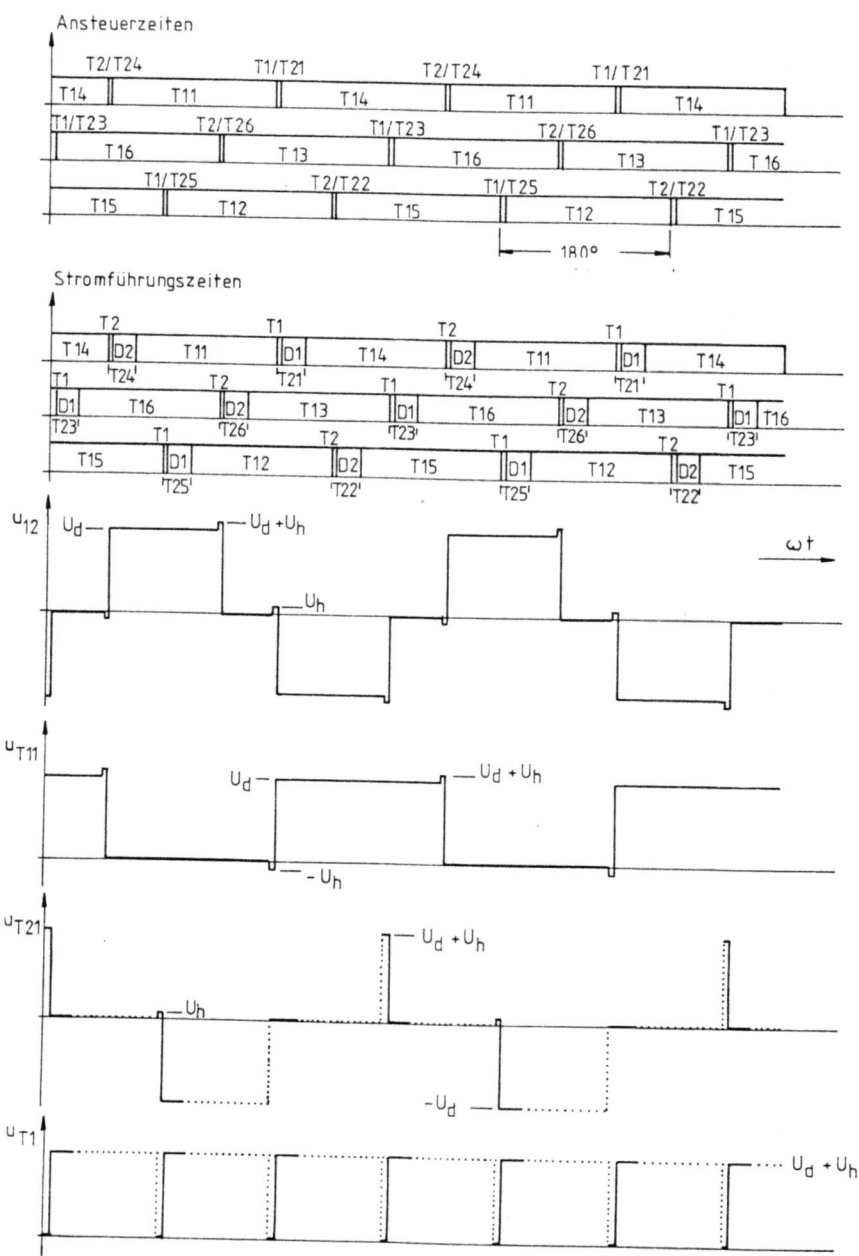

Bild 25 Prinzipielle Arbeitsweise des Wechselrichters entsprechend Bild 22 bei 30° Stromflußwinkel der Blindstromdioden

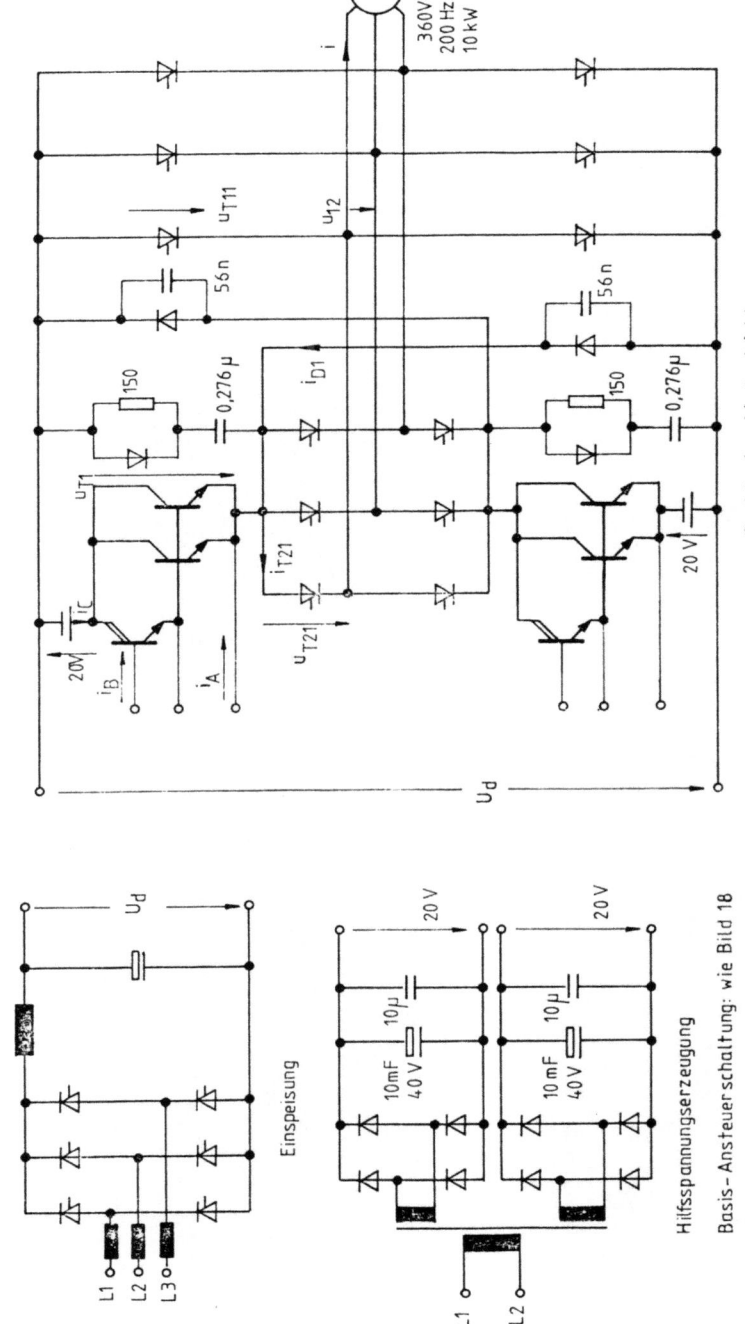

Bild 26 Aufbau des Versuchsumrichters

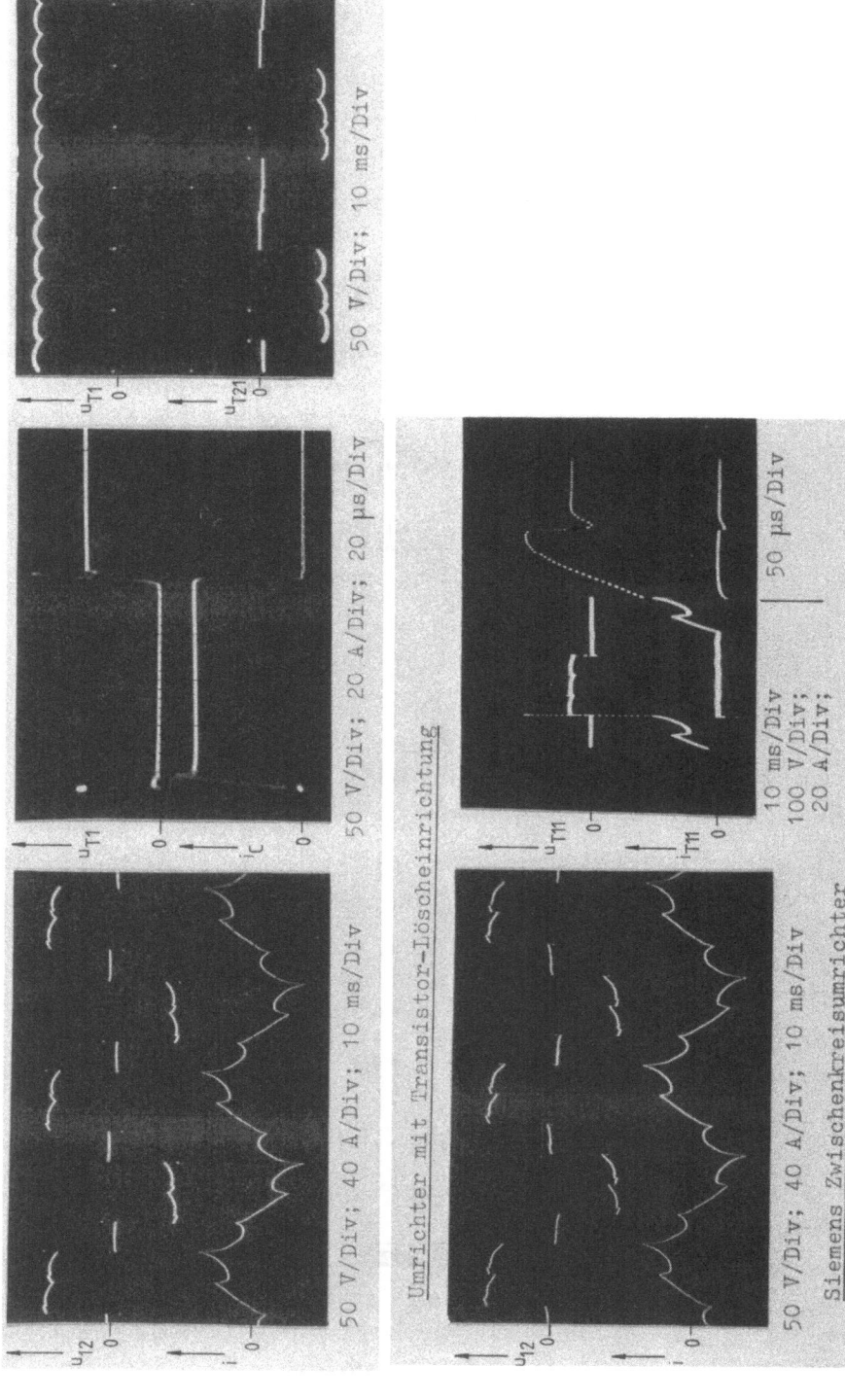

Bild 27 Arbeitsweise des UR mit Transistor-Löscheinrichtung (Bild 26) und eines UR mit Umschwinglöschung (Bild 23) Ausgang: 25 Hz, 53 V, 19 A

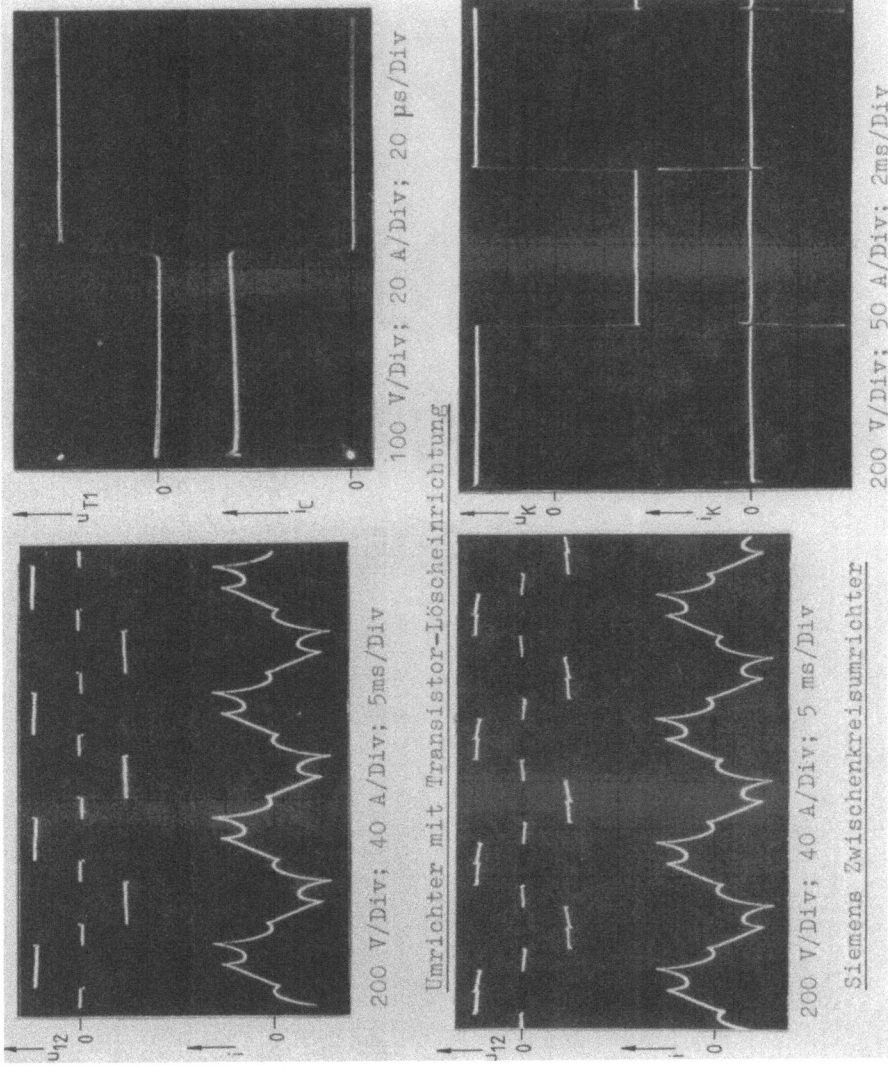

Bild 28 Arbeitsweise des UR mit Transistor-Löscheinrichtung (Bild 26) und eines UR mit Umschwinglöschung (Bild 23) Ausgang: 75 Hz, 153 V, 23 A

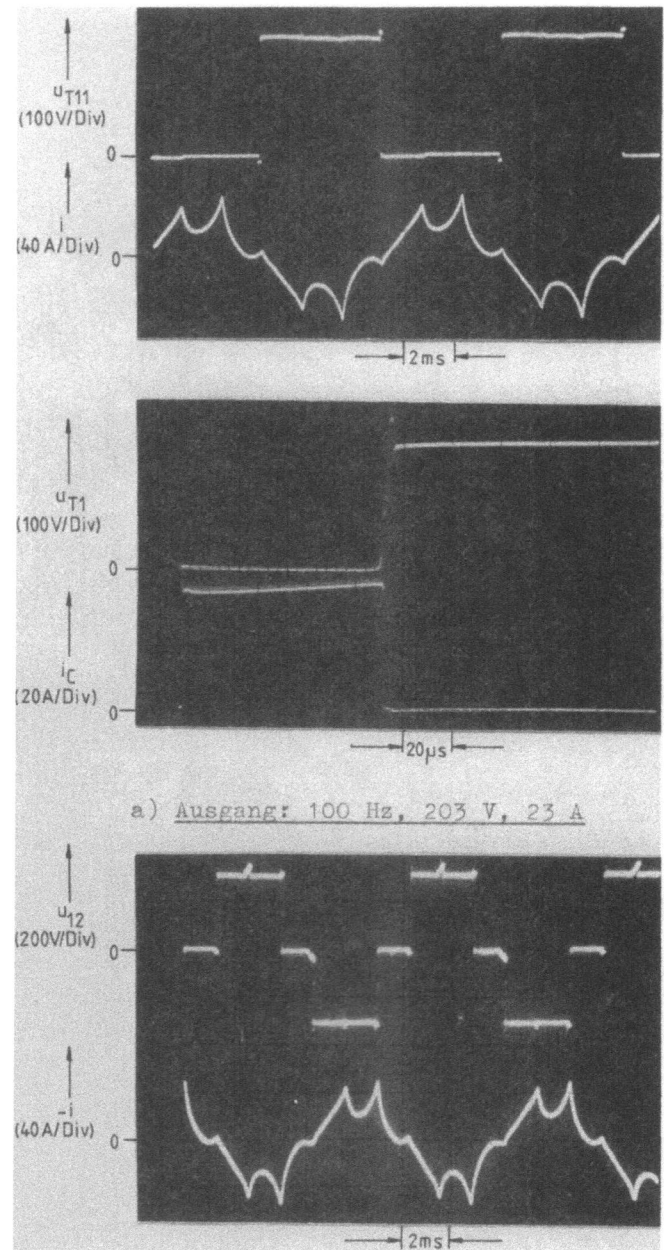

a) Ausgang: 100 Hz, 203 V, 23 A

b) Ausgang: 125 Hz, 250 V, 24 A

Bild 29   Arbeitsweise des UR mit Transistor-Löscheinrichtung (Bild 26)

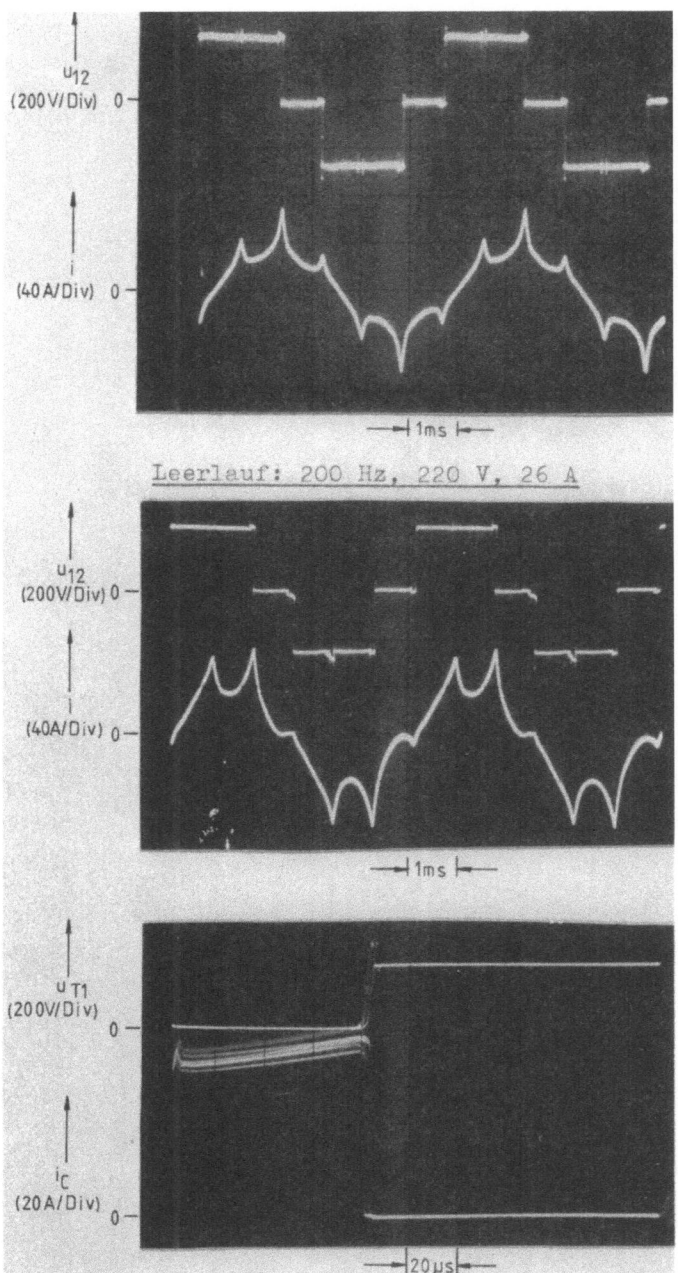

Belastung: 200 Hz, 220 V, 35 A

Bild 30 Arbeitsweise des UR mit Transistor-Löscheinrichtung (Bild 26, Motor in Dreieckschaltung)

FORSCHUNGSBERICHTE
des Landes Nordrhein-Westfalen

*Herausgegeben
vom Minister für Wissenschaft und Forschung*

Die „Forschungsberichte des Landes Nordrhein-Westfalen" sind in zwölf Fachgruppen gegliedert:

Geisteswissenschaften
Wirtschafts- und Sozialwissenschaften
Mathematik / Informatik
Physik / Chemie / Biologie
Medizin
Umwelt / Verkehr
Bau / Steine / Erden
Bergbau / Energie
Elektrotechnik / Optik
Maschinenbau / Verfahrenstechnik
Hüttenwesen / Werkstoffkunde
Textilforschung

Die Neuerscheinungen in einer Fachgruppe können im Abonnement zum ermäßigten Serienpreis bezogen werden. Sie verpflichten sich durch das Abonnement einer Fachgruppe nicht zur Abnahme einer bestimmten Anzahl Neuerscheinungen, da Sie jeweils unter Einhaltung einer Frist von 4 Wochen kündigen können.

WESTDEUTSCHER VERLAG
5090 Leverkusen 3 · Postfach 300 620

MIX
Papier aus verantwortungsvollen Quellen
Paper from responsible sources
FSC® C105338

If you have any concerns about our products,
you can contact us on
ProductSafety@springernature.com

In case Publisher is established outside the EU,
the EU authorized representative is:
**Springer Nature Customer Service Center GmbH
Europaplatz 3, 69115 Heidelberg, Germany**

Printed by Libri Plureos GmbH
in Hamburg, Germany